AF475105

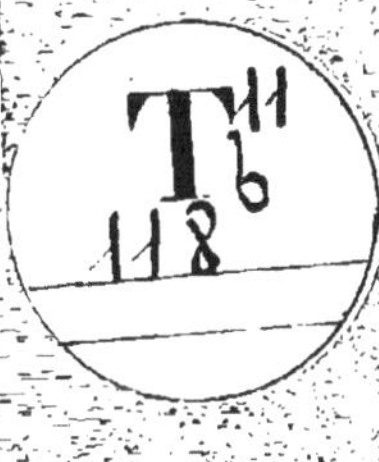
T
11
6
118

LA VIE ET LE MOUVEMENT

DISCOURS

PRONONCÉ

LE 3 NOVEMBRE 1887

A LA RENTRÉE DE L'ÉCOLE DE MÉDECINE NAVALE DE ROCHEFORT

PAR

LE DOCTEUR D. BODET

PROFESSEUR DE CLINIQUE CHIRURGICALE

ROCHEFORT-SUR-MER

SOCIÉTÉ ANONYME DE L'IMPRIMERIE CH. THÈZE, RUE CHANZY, 123.

1887

Tb11

LA VIE ET LE MOUVEMENT

DISCOURS

PRONONCÉ

LE 3 NOVEMBRE 1887

A LA RENTRÉE DE L'ÉCOLE DE MÉDECINE NAVALE DE ROCHEFORT

PAR

LE DOCTEUR D. BODET

PROFESSEUR DE CLINIQUE CHIRURGICALE

ROCHEFORT-SUR-MER

SOCIÉTÉ ANONYME DE L'IMPRIMERIE CH. THÈZE, RUE CHANZY, 123.

—

1887

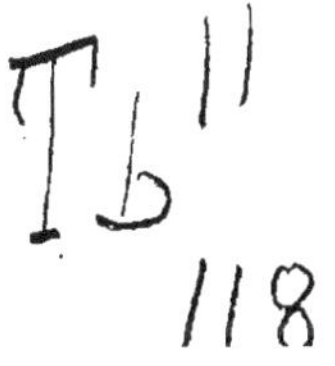
Tb[11] 118

MESSIEURS,

De toutes les questions qui dans tous les temps ont le plus vivement préoccupé l'esprit des hommes; de tous les problèmes qui ont eu l'éternel privilège de solliciter les recherches et de s'imposer aux méditations; de tous ceux qui ont soulevé par la suite des siècles les controverses, les discussions et souvent les querelles, il n'y en a pas de plus intéressants, de plus saisissants et je dirai de plus poignants que ceux-ci : « Qu'est-ce que la vie ? D'où vient-elle et quelles sont ses origines ? Où va-t-elle et quelle est sa raison d'être ? » Aussi loin dans la nuit des âges que remontent les monuments écrits de l'histoire scientifique, ou la série, plus ancienne encore, des traditions, nous retrouvons la trace des tentatives qui ont été faites vers la solution de ces énigmes troublantes, et ce n'est pas un des moindres sujets d'étonnement pour le penseur, que de rencontrer partout et toujours cette incessante préoccupation fatalement liée à notre nature, née en même temps que notre espèce et qui doit sans doute durer autant qu'elle ; souci sans trêve et sans merci, rocher de Sisyphe que les efforts réunis et ininterrompus du genre humain tout entier s'appliquent à soulever sur la pente où sans cesse il retombe. Vains efforts, orgueil insensé, disent les uns ; pour d'autres, au contraire, suprême honneur d'une vie arrivée à un assez haut degré de perfectionnement pour vouloir se connaître elle-même, et non contente de savoir qu'elle est, désireuse encore de savoir ce qu'elle est. Le problème qu'elle s'est ainsi posé à elle-même est loin encore d'être résolu ; mais déjà quelques-unes de ses données commencent à se dégager clairement, et notre siècle peut revendiquer pour lui cette magnifique gloire d'avoir enfin trouvé la route, jusqu'ici inconnue, dans laquelle on s'engagera désormais. Ce sont ces données que je voudrais brièvement vous exposer.

N'attendez pas, d'ailleurs, que, sortant du rôle qui m'est dévolu et franchissant les limites des études qui me sont familières, je m'aventure sur un terrain qui n'est pas le mien, pour me lancer, après tant d'autres, dans le dédale sans issue des dissertations métaphysiques. Ce n'est pas une doctrine philosophique, ce n'est même pas un système physiologique que j'ai l'intention de développer devant vous; ce sont des faits seulement, des faits certains, irrécusables, démontrés, que je veux raconter et grouper. C'est pourquoi, parmi les questions que vous venez de m'entendre énoncer, une seule fera le sujet de ce discours, parce qu'une seule, jusqu'à présent du moins, est justiciable des méthodes et des procédés de l'observation et de l'expérimentation scientifiques.

S'il ne nous est pas permis, en effet, de nous demander encore d'où vient la vie et où elle va, quel en est le but et la raison d'être, nous pouvons dès aujourd'hui nous demander ce qu'elle est.

Il est certaines idées, et, pour les exprimer, il est certains mots, idées et mots que chacun conçoit et comprend, dont nous avons tous une notion très nette et très claire : aucune définition cependant n'a jamais réussi à l'embrasser. La vie est une de ces idées, elle est un de ces mots ; nul n'a pu la définir. Ce n'est pas que beaucoup ne s'y soient essayés ; mais, que les définitions proposées datent d'hier ou qu'elles remontent aux philosophes de l'antiquité, qu'elles se targuent d'une présomptueuse concision, ou que leur prolixité confuse ne soit que l'aveu déguisé de leur insuffisance, aucune d'elles ne satisfait au sentiment que nous en avons au fond de nous-mêmes. Vous en citerai-je quelques exemples ?

Aristote, en disant : « La vie, c'est la nutrition, la croissance et la consomption, » énonçait à peine quelques-uns des phénomènes, et non des plus importants, qu'elle présente à étudier ; lorsque Bichat écrivait : « La vie, c'est l'ensemble des fonctions qui résistent à la mort », il comprenait dans sa définition le mot même à définir, car nous ne savons pas ce qu'est la mort tant que nous ignorons ce qu'est la vie. Plus près de nous, Bérard, Béclard et Littré nous disent à peu près dans les mêmes termes, l'un « qu'elle est l'organisation en action », l'autre qu'elle est « la manière d'être des corps organisés, » et le troisième qu'elle est « l'état d'activité de la matière organisée ». Se souvenant sans doute du mot superbe par lequel de Bonald caractérisait l'homme, Flourens définit la vie : « une forme servie par la matière ». J'ignore si les hommes, et tous furent grands, qui ont imaginé ces formules les ont vraiment trouvées satisfaisantes, mais je ne crois pas que personne s'en contente aujourd'hui, où l'on n'aime plus guère à se payer de mots. Et d'où vient donc cette difficulté ? Est-ce que la vie ne serait qu'une hypothèse, une vue de l'esprit, une forme décevante comme celle d'un rêve, une image sans corps sur laquelle les bras toujours se referment sans la saisir ? Non, Messieurs, la vie est ; on doit l'affirmer, à moins de nier toute science et soi-même ; à moins de retomber dans les étonnantes erreurs du scepticisme dont, à défaut d'autres arguments, de spirituelles railleries auraient depuis longtemps fait justice ; à moins d'admettre qu'il n'y a ici qu'une apparence de voix, semblant résonner dans une apparence de salle, devant une apparence d'auditoire.

I

Si nous jetons les yeux sur le monde extérieur, nous apercevons dans la foule des objets qui nous entourent, des différences tellement profondes, que de tout temps nous avons su les distinguer les uns des autres, non-seulement au point de vue de leurs caractères objectifs de forme et de couleur, mais encore à celui de leurs propriétés fondamentales ; et la division de la nature en trois règnes n'a pas attendu les classifications des savants pour être connue et comprise. Entre l'immuabilité, au moins apparente, d'un bloc de rochers et les mille changements, les mille phénomènes, dont les plantes ou les animaux sont à la fois le théâtre et l'objet, l'abîme était si large qu'il fallait bien le voir. L'idée de leur dissemblance absolue a conduit à accorder aux seconds une qualité générale qui résumât toutes ces distinctions, et c'est cette qualité qu'on a nommée la vie. Mais ces distinctions, il ne suffisait pas de les dénommer et de les résumer d'un mot; il fallait encore chercher à en pénétrer la nature et la cause intime. Les plus grands génies y étaient restés impuissants et devaient l'être, jusqu'au jour où, découvrant enfin leur voie, les sciences biologiques et naturelles ont déserté le terrain stérile des raisonnements sans base et des syllogismes sans majeure, pour se placer sur celui de l'observation rigoureuse et de l'expérimentation, qu'elles ne quitteront plus.

D'un autre côté, avant que la chimie n'eût pénétré la structure immédiate des corps, les décomposant en molécules de poids et de formes parfaitement déterminés, leurs apparences extérieures, si diverses pour chacun d'eux, permettaient de croire à de non moins grandes diversités de composition, et à cette époque le problème de la vie, pour être plus insoluble que jamais, pouvait plus aisément peut-être se passer de solution.

On admettait alors deux matières bien distinctes : l'une brute, l'autre organisée. Celle-ci, au nombre de ses propriétés, comptait la vie, c'est-à-dire un quelque chose qui lui permettait de se modifier, de s'accroître, de se multiplier. Qu'était ce quelque chose ? Nul ne le savait, et bien qu'on cherchât à s'en rendre compte, on s'arrêtait assez volontiers devant ce mur infranchissable, comme on s'arrêtait devant l'Océan sans bornes, peu soucieux d'autres continents, dont pourtant il baignait aussi les rivages. Plus tard, beaucoup plus tard, quand il fut prouvé que la même matière formait la masse de corps si différents ; que le tronc du chêne, le bloc de houille, ou les tissus d'un animal n'étaient tous qu'un agrégat, diversement disposé, c'est vrai, mais qu'un agrégat des quatre mêmes corps simples, oxygène, hydrogène, carbone et azote, il fallut bien renoncer à l'idée de la propriété spéciale et chercher ailleurs.

C'est alors que la notion de l'organisation fit fortune, et vous avez vu quel rôle elle a joué dans les définitions que vous m'avez entendu rappeler. Qu'importe, en effet, disait-on, que ces mêmes éléments se retrouvent partout, c'est leur disposition seule et leur arrangement qui valent : le même calcaire sert bien aussi à construire le palais et la chaumière ! Pour être spécieux, le raisonnement n'était pas vrai.

Dans un bocal, sur une table de laboratoire, voici une grenouille admirablement vivante : elle s'agite, elle nage, elle fuit ; je la saisis et je lui frappe violemment la tête contre un objet résistant. Elle est prise aussitôt d'une raideur tétanique de tout le corps, ses membres s'étendent ; contracturée qu'elle est en extension forcée, je la soulève par l'extrémité d'une patte sans qu'elle s'infléchisse ou s'incurve. Cet état dure quelques secondes, puis elle redevient flasque, souple ; elle est morte. Or, la composition chimique de ses tissus a-t-elle subi, dans ce court espace de temps, une modification qui puisse expliquer la cessation immédiate de tous les actes qui constituent sa vie, la suppression brutale de toutes ses fonctions? Non, évidemment ; et cela est si vrai que, non-seulement elle est encore identique à elle-même sous le rapport de cette composition, mais que tous ses tissus ont également conservé leurs propriétés physiologiques. J'applique à ses muscles les deux pôles d'un courant de pile, ils se contractent avec énergie ; je découvre un nerf et je le froisse ; et voilà que le membre où se rendait ce nerf s'agite, se fléchit ou s'étend, selon le cas. Et cependant elle ne vit plus. Abandonnée à elle-même, en dehors de toute excitation artificielle, elle reste immobile ; et bientôt des légions de germes vont s'emparer de cette masse de matière morte, désormais incapable de résister à leurs attaques, et qui, à travers les phases de la putréfaction, va retourner peu à peu au monde inorganique. Il y a donc, vous le voyez, autre chose que des différences de composition et d'organisation entre la matière qui vit et celle qui ne vit pas. Si j'osais me servir d'une comparaison bien grossière, je dirais volontiers qu'il y a là quelque chose d'analogue aux deux états d'une machine qui fonctionne et d'une machine au repos. Est-ce à dire que c'est le mouvement qui fait la vie? Eh bien, oui, Messieurs, et, si on voulait la définir de nouveau, on pourrait dire : « La vie, c'est du mouvement. » Je ne dis pas : « La vie, c'est le mouvement, » car cela impliquerait que tout est vivant, puisque tout se meut et que la fameuse notion de l'inertie de la matière n'est qu'une grossière erreur dans le sens où on l'entendait jadis. Tout le monde sait aujourd'hui que la chaleur, la lumière, la pesanteur, l'électricité, l'affinité chimique, noms sous lesquels on désignait à la fois certains phénomènes et certaines prétendues forces qui les produisaient, ne sont autre chose que du mouvement, des mouvements distincts les uns des autres à la vérité, des modalités diverses de mouvement, mais enfin et toujours du mouvement.

Cette grande notion domine aujourd'hui toutes les sciences physiques, et si elle a été féconde, vous le savez aussi bien que moi. Elle doit dominer à leur tour les sciences biologiques, et nous allons voir qu'il ne s'agit plus là d'une de ces hypothèses banales dont on a toujours été trop prodigue au grand détriment du progrès. Si vous voulez bien passer en revue les grandes fonctions de la vie animale, dans chacune d'elles vous trouverez le mouvement : tantôt évident, grossier, presque brutal ; tantôt plus obscur, mais facilement saisissable encore ; d'autrefois enfin, si profondément caché et si subtil, qu'une analyse sévère et rigoureuse vous permettra seule d'en démasquer l'existence.

II

Je pourrais vous le montrer d'abord sous ses aspects les plus palpables, dans le jeu des grands appareils de la nutrition, et ce serait un tableau facile à retracer, celui de cette activité formidable que nous offrirait, à chaque pas, la complication désordonnée en apparence de tous ces actes, dont chacun est nécessaire à l'accomplissement des autres, et qu'un véritable artifice de démonstration permet seul de séparer pour l'étude. Nous verrions s'opérer à la fois le pétrissage des aliments, leur progression, leur pénétration par les flots de sucs que secrètent des milliers de glandes, leur transformation, leur absorption, leur circulation dans le plus compliqué des systèmes de canalisation, l'épuration incessante du grand courant nourricier par le double apport du combustible et du gaz comburant, d'une part, et, de l'autre, par l'incessante extraction des principes devenus nuisibles ou inutiles, qu'opèrent au fur et à mesure les nombreux organes d'excrétion.

Nous verrions s'effectuer dans les divers fragments du tube digestif les combinaisons chimiques les plus curieuses ; nous verrions les contractions d'un muscle gros comme le poing actionner 40,000 litres de sang en 24 heures, et cette masse énorme de liquide venir se revivifier à travers la muqueuse pulmonaire, au contact d'un égal volume d'air atmosphérique. Dans la profondeur de ces utricules respiratoires, je pourrais vous montrer les atomes d'oxygène traversant la double épaisseur des épithéliums pulmonaires et des endothéliums capillaires, pour se combiner avec les molécules d'hémoglobine, pendant que l'acide carbonique, se séparant par dissociation des sels du plasma, fait en sens inverse le même chemin pour s'exhaler au dehors. Tout cela je pourrais vous le dépeindre, si je croyais permis de retenir votre esprit fixé sur des faits aussi banals, aussi simples, aussi vulgaires, où tout saute aux yeux. Mais c'est plus avant dans les secrets de la vie que je veux vous faire pénétrer ; c'est sous d'autres formes que je veux vous montrer ce mouvement auquel tout se rapporte et qui résume tout.

Aussi bien, tous ces grands mécanismes dont je viens d'évoquer le souvenir en passant, ne sont que des moyens. Indispensables à la vie, nécessaires à son entretien, ils ne la constituent pas ; elle y préside, mais elle est au-dessus d'eux ; ils ne fonctionneraient pas sans elle, mais on la conçoit et, de fait, elle peut exister sans eux. Les aliments transformés dans la bouche, dans l'estomac et dans l'intestin, l'oxygène emprisonné par les globules du sang, la circulation de ces globules et du liquide, où ils sont pressés à raison de 5,000,000 par millimètre cube, tout cela a pour but de nourrir les tissus et les organes. Tissus et organes sont formés par la juxtaposition d'une infinité de petits éléments, ayant tous leur individualité propre. Leur ténuité est telle que leur plus grande commune mesure est le millième de millimètre ; c'est leur unité de grandeur. Cette innombrable quantité de microorganismes est soutenue par une sorte de trame à fines mailles, charpente et substratum de l'ensemble. Le long de ces mailles, aux parois des cloisons qu'elles forment, rampent les capillaires sanguins, et le tout est baigné au sein d'un liquide d'importance primordiale, la lymphe, véritable milieu intérieur lentement renouvelé. Les actes qui s'accomplissent là, au niveau de ces petites loges, ont été résumés en deux mots par les physiologistes : c'est la transsudation et la résorption interstitielle, c'est-à-dire un perpétuel va-et-vient, un chassé-croisé sans fin, qui s'établit partout et de toutes parts, entre les molécules organiques, dont le rôle dans chacune des petites individualités cellulaires est achevé, et les molécules du sang qui les remplacent pour un temps, jusqu'à ce que usées elles-mêmes et devenues incapables d'entretenir la vie de la cellule qui les avait employées, elles retournent au torrent circulatoire d'où de nouvelles particules sont extraites, toujours, sans cesse, indéfiniment.

C'est là une de ces activités étranges dont nous pouvons à peine nous faire une idée. Supposez une immense ville d'industrie ou de commerce, dont toutes les rues, les places ou les ruelles sont encombrées d'une foule sans nombre qui circule, se croise, se coudoie en tous sens ; où tous sont affairés, où nul n'est oisif. Là, chacun court, pressé, où l'intérêt l'appelle ; là, sous les portes béantes des établissements publics, des usines, des hôtels, des maisons privées, s'engouffrent à chaque instant des parcelles de cette foule vertigineuse, qu'on en voit ressortir peu à peu, faisant place à d'autres, remplacés eux-mêmes à leur tour, et ainsi tout le jour. C'est l'image que je me fais souvent de l'activité nutritive intime des tissus. Et si vous voulez me permettre de pousser plus loin encore cette comparaison, j'ajouterai : De même que ce grand mouvement social n'est qu'une apparence, une sorte de reflet des transactions importantes qui s'accomplissent à l'abri des murailles de ces édifices, de même aussi tout ce mouvement de double transport, que nous avons vu établi entre les tissus et le torrent circulatoire, n'est que la surface et l'apparence extérieure des choses. Le vrai mouvement, la grande énergie dynamique, c'est ce qui passe à l'intérieur même de chaque élément anatomique ; c'est l'assimilation et la désassimilation des principes élémentaires ; c'est, en un mot, l'ensemble de ces actions, si compliquées et si nombreuses, auxquelles le mot de combustions organiques est resté appliqué même de nos jours, non plus comme une expression exacte, mais comme un résumé commode et assez juste des faits.

Les grandes fonctions, dans le détail desquelles je n'ai pas voulu entrer pour ne pas vous attarder à leur banalité, ne nous auraient mis en présence que de deux modes d'énergie : l'énergie mécanique et l'énergie chimique.

C'est bien à elles encore que nous avons affaire dans cette nutrition élémentaire ; mais à l'énergie chimique quelque chose de spécial vient s'ajouter, ou plutôt elle subit ici une sorte de modification inconnue, inappréciable, mais très réelle.

Ce n'est plus dans un vase inerte de laboratoire ou dans un réservoir presque passif que s'exercent ces affinités si délicates, si exquises ; c'est au cœur d'une petite masse de protoplasma éminemment active elle-même, et nul ne peut dire ce qu'ajoute à la qualité des combinaisons qui s'y produisent, la présence de cette substance capable de réagir en leur présence. L'essence même du mouvement qui en résulte n'en est sans doute pas altérée ; mais déjà peut-être sa modalité a varié un peu ; déjà il commence à s'éloigner, à se différencier de celui que nous avons vu en jeu jusqu'à présent. Je sais bien qu'il n'y a pas deux chimies, et c'est à grand tort qu'à une époque bien rapprochée de celle-ci, on décrivait et on enseignait à part la chimie minérale et la chimie organique. Il n'en est pas moins vrai toutefois qu'il n'y a pas identité absolue entre l'attaque du zinc par l'acide sulfurique, je suppose, dans la préparation de l'hydrogène et l'action des ferments figurés. Or, n'est-on pas amené fatalement à admettre l'opinion de ceux qui considèrent les éléments cellulaires de l'organisme comme de véritables ferments, agissant à leur manière sur les matériaux d'élaboration ; hypothèse qui donne seule une explication satisfaisante de la basse température à laquelle se font les oxydations organiques.

Il y a au fond de cette nutrition un acte essentiel, d'une nature spéciale, l'assimilation, auquel l'analyse a reconnu trois stades. Pour les faire comprendre, je ne puis mieux choisir que l'exemple suivant, devenu classique. Soit une molécule d'albumine que les sucs digestifs ont solubilisée et transformée en peptone, que les capillaires ont absorbée, puis qu'ils ont laissé transuder vis-à-vis d'une fibre cellule. Cette dernière va s'en emparer d'abord, la fixer, comme on dit. Mais, quand elle aura pénétré dans cet élément, notre molécule ne sera toujours que de l'albumine, et rien de plus. Il faut donc qu'elle subisse une modification, au moyen de laquelle elle deviendra chimiquement identique au protoplasme musculaire ; dès ce moment, ce n'est plus de l'albumine, c'est de la myosine. Mais cette myosine ne vit pas encore, elle est incapable de se contracter. Aux mouvements moléculaires ou dynamiques qui en ont fait ce que nous la voyons, il faut qu'un dernier vienne s'ajouter ; il faut qu'une de ces énergies, se transformant une fois de plus, lui imprime cet état vibratoire particulier qui la constituera à l'état de protaplasma contractile. Fixée, puis transformée, l'albumine est enfin vivante, elle est intégrée, elle a reçu l'impulsion définitive, résultat de toute la série des mouvements précédents, en chacun desquels elle ne tardera pas du reste à se réduire, par une suite de métamorphoses régressives. Ainsi, dans les fonctions de nutrition, depuis l'introduction dans le tube digestif des principes alimentaires, jusqu'à leur intégration à l'état de molécules vivantes par les éléments anatomiques, jusqu'à leur rejet par les mille canaux d'excrétion qui les rendent à la matière minérale, tout est mouvement.

III

A côté de la nutrition, et d'une importance presque égale, il est une autre fonction qui n'en est peut-être qu'un des aspects : c'est la reproduction.

Plus mystérieuse et peut-être plus admirable, elle n'a livré à la science qu'un petit nombre de ses secrets ; mais c'en est assez pour voir, là comme partout, le mouvement sous mille formes. Depuis le premier acte qui la prépare, jusqu'à celui qui va la parfaire, quelle somme d'énergie employée ! A la congestion puissante de tous les organes spéciaux, à la suractivité momentanée du cœur et de l'appareil respiratoire, à l'ébranlement profond de l'être entier, une sorte de dépression a succédé. Loin que tout soit fini cependant, tout commence ; et l'on dirait que c'est à l'accomplissement de ce qui va suivre, que semblent s'être épuisées en un instant toutes les forces vives des générateurs. Voici que deux éléments cellulaires infinement petits, se recherchent, avançant l'un vers l'autre, celui-ci mû par un rapide mouvement ondulatoire qui lui est propre, celui-là conduit par les contractions du canal où il est contenu. Mais, loin d'être inactif pendant cette progression qu'il semble subir, il est, au contraire, le théâtre d'une série de modifications étranges. On dirait qu'il se prépare pour le plus étonnant des phénomènes, dont aucune tentative d'interprétation n'a pu soulever encore un seul pli du voile qui nous le cache, je veux parler de la fécondation.

Et pourtant c'est bien peu de chose en apparence. Deux cellules se rencontrent, s'accolent, l'une des deux pénètre la substance de l'autre et s'y perd. C'est là tout. Mais quelle accumulation d'énergie dans cet acte, et comme elle va magnifiquement se traduire ! Il est parfois difficile de se représenter ce que peut être une énergie latente. Souvenez-vous seulement qu'un gramme de charbon, c'est-à-dire un morceau de cette substance à peine gros comme une pastille, recèle assez de mouvement condensé, emmagasiné dans son intérieur, pour élever de 1 degré la température de 8 kilogrammes d'eau, ou, autrement dit, pour produire 8 calories, qui, transformées en mouvement, sont capables d'élever à 1 mètre de hauteur le poids relativement énorme de 3,600 kilogrammes. C'est un pareil emmagasinement de forces que recèlent dans leur exiguité les deux éléments mâle et femelle, dont le mélange va produire un nouvel être. A peine est-il fait, ce mélange, que le protoplasma ovulaire, animé subitement d'une formidable activité, se divise, se segmente, produit, en quelques heures, une infinité de cellules qui remplissent la membrane vitelline, la distendent, la gonflent, l'appliquent de toutes parts aux parois utérines profondément modifiées elles-mêmes et dont la cavité va se développer sans cesse pendant près d'une année, pour s'adapter au volume toujours croissant de l'œuf.

Sous l'enveloppe de cet œuf, les cellules vont se grouper en feuillets, en organes, en lames ; celles-ci se contournent de mille manières, s'épaississent, se résorbent, se divisent, se séparent en couches, se pénètrent les unes les autres, se disposent en tubes qui se creusent, se ramifient, et dans lesquels d'autres cellules se meuvent, entraînées par un liquide. Un point de cette masse paraît animé de battements pressés, c'est le cœur ; déjà il fonctionne, et nous sommes à peine à deux jours de la fécondation ! Car tout cela est si rapide, si brusque, que le microscope ne peut pas suivre toutes les phases de ce développement, et que l'observateur s'arrête à chaque pas, étonné, dévoyé, dérouté dans cette poursuite où le chemin se dérobe à tous les tournants. Et tous ces organes, quoiqu'à peine ébauchés, se nourrissent, respirent, sécrètent, se meuvent ! De quelle nature exquise doit être le mouvement dont tout cela est l'effet, ou de quelle intensité de vibration doivent être animés les éléments dont la vie produit ce travail ! Pourtant ce n'est pas tout encore, et quand le produit de cette fécondation sera sorti des entrailles maternelles, c'est la continuation du mouvement imprimé au début, qui va permettre de nouvelles multiplications cellulaires, se renouvelant pendant des années et des années, jusqu'à ce que l'atténuation successive de cette impulsion initiale, après la succession régulière des périodes de croissance, d'état et de déclin, amène enfin la débilité, la vieillesse et la mort. Si on voulait retracer en quelques lignes un ensemble schématique de la reproduction, on pourrait, ce me semble, la résumer ainsi : « C'est une annihilation apparente, (mais une transformation réelle) de forces vives en forces de tension, que la fécondation met de nouveau en liberté comme forces vives. »

IV

Communes à l'animal et à la plante, les deux fonctions de nutrition et de reproduction, toutes grandioses qu'elles soient, ne nous représentent cependant la vie que sous son aspect le moins saisissant : c'est encore la vie aveugle, inconsciente d'elle-même. Nous allons la voir se revêtir de formes plus brillantes, sortir de la nuit où elle s'agitait, cesser d'être la manifestation fatale et nécessaire du mouvement qui est son essence, pour se parer au grand jour des attributs les plus élevés, parmi lesquels le premier et le plus noble est la conscience qu'elle a désormais d'elle-même.

La conscience suppose, de toute nécessité, la connaissance du milieu extérieur à l'être conscient, car de la seule comparaison entre ce milieu et lui-même peut résulter la notion exacte de sa personnalité. C'est pourquoi, chez les animaux supérieurs, où la vie atteint ce degré de perfectionnement, nous rencontrons toute une catégorie d'organes destinés à permettre cette connaissance des objets environnants : ce sont les organes des sens. Dans chacun d'eux nous allons retrouver la même loi du mouvement, et on pourrait les définir tous d'un mot en disant : « Ce sont des appareils d'analyse du mouvement ». Toutes les choses qui nous entourent ne sont ce qu'elles nous paraissent être qu'en raison de la quantité et de la qualité du mouvement dont elles sont animées ; et non-seulement la couleur et la température de ces choses, mais leur consistance et jusqu'à leur forme tiennent à cette cause unique C'est une proposition que personne ne nie plus aujourd'hui, e vous savez même qu'en ce qui concerne la lumière, on connaît tous les éléments de ce mouvement, puisqu'on a calculé sa vitesse de propagation, les longueurs d'onde et le nombre des vibrations qui correspondent aux différents rayons du spectre. Evident aussi pour la température, le fait paraît plus surprenant pour la consistance et la forme. Permettez-moi donc de choisir un exemple qui fasse mieux comprendre ma pensée.

Prenons un cube de glace. C'est un solide d'une forme déterminée. Il est tel parce qu'il possède une quantité de mouvement déterminée elle-même, parce qu'il vibre de telle façon et non de telle autre. Augmentons cette quantité de mouvement, et pour cela, chauffons-le. Bientôt sa forme se modifie, les arètes s'émoussent, disparaissent, et tout à l'heure, à la place d'une masse résistante ayant une configuration propre, nous n'aurons plus qu'une certaine quantité de liquide, c'est-à-dire un corps presque sans cohésion, sans forme autre que celle du vase qui le contiendra. Augmentons encore la température, c'est-à-dire accumulons du mouvement dans ce liquide, et, sous l'influence de ces modifications successives dans l'état vibratoire de la masse, un nouveau changement va se produire, nous allons obtenir une vapeur, un corps d'apparence gazeuse qui, non-seulement n'offre plus de cohésion ni de résistance, mais dont les molécules tendent à s'écarter sans cesse les unes des autres, et y tendront d'autant plus que la température sera plus élevée. Inversement, en soustrayant du calorique à cette vapeur, autrement dit en lui soustrayant du mouvement, en ramenant son état vibratoire à ce qu'il était au début de l'expérience, elle reprendra graduellement les apparences de l'eau, puis de la glace. Glace et vapeur ont cependant l'une et l'autre une composition chimique identique ; dans leurs différences d'aspect si tranchées, si profondes, il n'y a, en réalité, qu'une différence de mouvement, que des modifications dans la quantité ou dans la qualité du mouvement. Si donc nous connaissons les corps, c'est qu'il nous est donné d'apprécier leur état vibratoire. Comme des résonnateurs qui, dans un son complexe, isolent les sons fondamentaux, nos sens isolent, chacun en ce qui le concerne, les vibrations fondamentales dont la combinaison constitue les corps avec les attributs qu'on a crus longtemps inhérents à leur substance. Et de même que le résonnateur chante à l'unisson de la note pour laquelle il est accordé, de même les sens se mettent en équilibre de mouvement avec les corps qui sont à leur portée. Les fibrilles extrêmes du nerf optique résonnent, (je vous demande pardon de cet abus de langage, mais il exprime bien ma pensée,) avec les couleurs qui les impressionnent, comme les terminaisons du nerf auditif résonnent avec chacun des sons qui leur correspondent, comme les corpuscules du toucher, les cellules de Schultze et les bulbes de Schwalbe avec les formes particulières de vibrations qui correspondent à la température, à la consistance, à l'odeur et au goût.

Nous voici déjà loin, Messieurs, des formes de mouvement simples et grossières que nous ont offertes les fonctions de nutrition. C'est qu'à mesure que nous nous élevons dans l'ordre et dans la hiérarchie, à mesure que nous pénétrons plus avant dans les délicatesses du fonctionnement organique, nous voyons la vie s'affiner, s'épurer, si on peut dire, et s'éloigner d'autant plus qu'elle s'ennoblit davantage des mécanismes presque industriels qui lui suffisaient jusque-là. Sa manière se perfectionne suivant une gradation constante et donne ainsi l'exacte mesure de la supériorité du travail qu'elle accomplit. Dans la disposition anatomique et dans le rôle physiologique des organes sensoriels, je viens de vous montrer des instruments d'analyse ; je vais avoir à vous montrer maintenant des appareils de transmission et de transformation du mouvement ; et c'est ici que, se dissimulant de plus en plus, à la fois sous l'obscurité presque impénétrable de la structure anatomique et sous la décourageante grandeur du résultat fonctionnel, la vie semble vouloir échapper, non moins à la présomption de notre raisonnement, dont elle déjoue toutes les subtilités, qu'à la patience de notre observation, dont elle trompe la curiosité impuissante et toujours déçue, mais jamais lassée.

BIBLIOTHÈQUE NATIONALE

V

Parmi les nombreuses modalités dynamiques qu'on avait jadis personnifiées sous la dénomination de forces physiques, et auxquelles, faute d'en avoir trouvé un meilleur, on donne encore ce nom pour la commodité du langage, il en est une, plus étrange, plus incompréhensible, plus mystérieuse que toutes les autres, et qui, asservie cependant à nos besoins, mesurée, calculée, emmagasinée, transportée, distribuée, est en passe de prendre dans les usages de la civilisation moderne le premier rang et la place d'honneur. Et pourtant, malgré l'effort énorme de toutes les attentions, de tous les travaux, de toutes les recherches dirigées depuis plusieurs années sur elle seule, son secret reste impénétrable ; nul ne la connaît que par ses effets. Mais il se trouve que ces effets, variés à l'infini, déroutent les savants par leur multiplicité même ; car, semblable au Protée de la Fable, elle se dérobe de cent façons, tour à tour lumière ou chaleur, travail mécanique ou énergie chimique ! Messieurs, dans la vie animale un système se rencontre, d'une complication texturale inouïe, d'une inconcevable délicatesse de structure, d'une apparence étrange et bien spéciale ; amas qu'on a cru longtemps informe, et dont le chaos n'était qu'un raffinement. A cette pulpe grisâtre est dévolu le rôle le plus important, le plus incompréhensible, le plus admirable de tous. Comme l'électricité, à laquelle je faisais allusion tout à l'heure, il a eu le privilège d'accumuler sur lui seul depuis un quart de siècle, la plus grande masse de recherches cliniques ou expérimentales. Soumis à toutes les investigations de l'histologie, de l'anatomie et de la physiologie, interrogé aux lits des malades, sur les tables des amphithéâtres et des laboratoires, étreint corps à corps par les méditations silencieuses du cabinet, ce Sphynx n'a pas trouvé son Œdipe.

Mais si de ces deux énigmes : l'essence de l'action nerveuse et la nature de l'électricité, le mot n'est pas encore trouvé, néanmoins on est sur la trace. L'étude attentive des résultats déjà acquis permet d'affirmer que l'électricité n'est, comme la chaleur et la lumière, qu'une forme du mouvement ; une induction pareille rend aujourd'hui légitime, pour le système nerveux, une affirmation du même genre. N'allez point conclure cependant, de ce parallèle où je me suis complu, que je veuille défendre l'assimilation, jadis proposée, des deux forces. Une telle idée n'est plus soutenable si elle l'a jamais été, et ce serait méconnaitre étrangement les dernières acquisitions de la physiologie, ce serait commettre une trop grossière erreur que de revenir à une hypothèse qui n'appartient plus qu'à l'histoire des sciences. Ce que je veux dire, c'est que l'action nerveuse et l'électricité, très différentes, à coup sûr, l'une de l'autre, sont, l'une et l'autre, des formes de mouvement. Je me propose de vous le démontrer en ce qui concerne l'influx nerveux. J'approche d'un point quelconque de mes téguments, de l'extrémité d'un membre, je suppose, un corps possédant une température élevée, ce sera, si vous le voulez, l'extrémité d'un stylet chauffé un instant dans une flamme. Dès que le contact a lieu, un mouvement énergique se produit, par lequel le membre ainsi lésé s'éloigne brusquement de l'objet qui le blesse. C'est là un phénomène trivial à force d'être simple ; vous allez voir cependant qu'il n'est pas indigne d'analyse. Quand la pointe rougie est venue toucher l'épiderme, il s'est passé ceci : que cette partie de tissus vivants s'est mise en équilibre de température avec le métal. Celui-ci lui a cédé une partie de son calorique ; autrement dit, il lui a communiqué une partie du mouvement moléculaire dont il était animé, comme une bille de billard courant sur le tapis, communique une partie de son mouvement à l'autre bille qu'elle rencontre, comme la voix résonnant devant un clavier communique ses vibrations aux cordes de l'instrument. L'acte initial est donc une communication d'un mouvement de forme déterminée ; l'acte terminal est encore un mouvement, mais d'une tout autre forme. Voilà les deux anneaux extrêmes d'une chaîne dont il faut retrouver les anneaux intermédiaires. Rappelons-nous d'abord que le fameux axiome : « Rien ne se crée, rien ne se perd », n'est pas vrai seulement de la matière ; il est vrai aussi de la force, et, par suite, du mouvement, qui en est la manifestation sensible. Le principe de la permanence de la force, posé d'abord par Helmholtz, démontré depuis par les recherches de Meyer, de Joule, de Hirn et de tant d'autres, n'est pas moins certain ni moins admis désormais que le principe de la permanence de la matière, dont la démonstration rigoureuse est un des plus beaux titres de gloire de Lavoisier. Par conséquent, cette somme de mouvement communiquée par le bouton du stylet aux cellules épidermiques ne peut pas s'annihiler ; et le mouvement par lequel les muscles ont soustrait la cellule à l'action qui s'exerçait sur elles, ne s'est pas créé de toutes pièces. Succédant au premier dans des conditions toujours identiques, il doit en être et il en est, en effet, une conséquence directe. Entre ces deux faits un troisième vient s'intercaler, qui va peut-être nous donner la solution du problème. Non seulement la brûlure a été suivie de contraction musculaire, mais elle a été accompagnée d'abord d'une sensation très vive et parfaitement consciente de douleur, ensuite d'une perception très nette de la volonté de retirer le membre. Or, l'anatomie nous apprend que tous les points quelconques de notre surface tégumentaire sont en rapport étroit par une fibre nerveuse avec l'axe encéphalo-médullaire, et que celui-ci est relié intimement par d'autres fibres avec tous les faisceaux musculaires du corps ; donc, il y a continuité de substance entre le point touché et les muscles qui se sont contractés. D'un autre côté, la physiologie nous montre qu'une solution de continuité quelconque sur le trajet de ces cordons nerveux empêche, suivant l'endroit où elle siège, ou bien la sensation d'être perçue ou bien le mouvement de se produire, et on ne peut nier qu'à la continuité matérielle ne corresponde un rapport fonctionnel absolument exact entre toutes ces parties. N'est-il pas évident, dès lors, que cette longue file de fibres et de cellules nerveuses a servi d'appareil de transmission et de transformation du mouvement ?

Voilà où nous conduit la déduction, et ce raisonnement, que j'ai résumé le plus brièvement qu'il m'a été possible, est logique, il est légitime. En même temps que lui, et j'ose dire au-dessus de lui, nous pouvons invoquer l'analyse physiologique expérimentale, où nous allons trouver une nouvelle et plus rigoureuse démonstration du théorème. Si la force nerveuse n'est réellement qu'une forme de mouvement, nous devons constater dans tout état d'activité du système nerveux l'existence du mouvement. Eh bien ! Messieurs, cette constatation a été faite et l'on peut énoncer les deux propositions suivantes : Tout mouvement communiqué à des éléments nerveux provoque la mise en jeu de leur activité, et, réciproquement, toute activité des éléments nerveux s'accompagne de production de mouvement. Voilà la double preuve qu'il nous faut fournir.

Dans les mors d'une pince je froisse le bout périphérique d'un nerf moteur, le bout central d'un nerf sensitif ou un point quelconque de la continuité d'un nerf mixte, et j'observe, soit une contraction de muscles, soit un phénomène de sensibilité, soit les deux ensemble.

Sensibilité et contraction musculaire sont, vous le savez, les réactifs vivants et d'une délicatesse exquise de l'activité nerveuse. En appliquant à ces nerfs une énergie mécanique grossière, la pression de la pince, j'ai donc obtenu la manifestation de leur activité. Je dépose maintenant une gouttelette d'acide sur l'un de ces cordons moteurs ou sensitifs ; je les plonge dans un liquide à une température très élevée ou très basse ; je fais passer à travers eux un courant de pile, un courant d'induction, une décharge d'électricité statique et, chaque fois, l'énergie chimique, calorifique ou électrique que je leur ai communiquée, a provoqué, comme dans la première expérience, l'apparition de sensations ou de contractions musculaires. Il y a donc une relation certaine, indéniable, évidente, entre ces différents mouvements moléculaires ou mécaniques et la réaction nerveuse. Procédons autrement. Je sépare un tronçon de nerf de ses relations avec les centres et avec la périphérie ; puis, à l'aide d'un dispositif spécial, je mets en relation avec les deux bornes d'un galvanomètre un point de la surface naturelle de ce nerf et un point de sa surface de coupe. Dès que le circuit est fermé, l'aiguille du galvanomètre est déviée, c'est-à-dire qu'un courant parcourt ce tronçon ; et je puis affirmer qu'il existait là un mouvement moléculaire, dont le courant me démontre la présence, puisqu'il n'en peut être que le résultat. Sans rien changer aux débuts de cette expérience, excitons le nerf par n'importe quel procédé, et aussitôt l'aiguille galvanométrique revient au zéro ou le dépasse. L'état moléculaire du nerf a donc été modifié profondément par l'excitation, et cette modification se traduit encore par un phénomène de mouvement. C'est là une des méthodes les plus simples d'arriver à la démonstration du fait que j'avançais tout à l'heure. Ce n'est pas la seule. Au lieu de traduire en énergie électrique, on peut traduire en énergie calorifique ou en énergie chimique, ces modifications moléculaires de l'élément nerveux, et on s'assure alors que le nerf excité et qui fonctionne dégage de la chaleur, et devient acide, d'alcalin qu'il était. Enfin, Messieurs, l'activité nerveuse est si bien un mouvement, qu'on en peut suivre la propagation et mesurer la vitesse. Ce dernier caractère de propagation ondulatoire de l'excitation à travers le système nerveux est tellement net et saisissant, que les physiologistes n'hésitent plus aujourd'hui à déterminer la modalité de ce mouvement et qu'on le caractérise du nom de vibration nerveuse. Quelques auteurs sont allés plus loin, et si l'on en croyait les résultats publiés par Lowen, cet auteur aurait pu fixer le nombre de vibrations que peuvent exécuter en un temps donné, non plus seulement les nerfs proprement dits, mais les centres nerveux eux-mêmes.

A la vérité, c'est seulement sur les nerfs périphériques que les expériences ci-dessus relatées ont été faites. Nos moyens d'investigation ne sont point encore assez parfaits pour nous avoir permis d'interroger de la même façon les cellules, qui constituent, à n'en pas douter, la partie essentielle du système, celle où arrivent les impressions, et d'où partent les ordres dont les nerfs ne sont que les conducteurs dociles. Mais nous n'avons pas besoin, pour appliquer à ces cellules, dans son indécise généralité, la grande loi dont nous venons de démontrer les effets à propos des tubes, d'avoir répété sur elles, avec leur rigueur toute mathématique, les essais que vous m'avez entendu rappeler. Ne perdez pas de vue qu'aucun de ces éléments cellulaires de l'encéphale ou du myélaxe n'est isolé du reste du système. Tous sans exception sont reliés, non-seulement entre eux par les ramifications nombreuses de leur protoplasma, mais encore avec les tubes, par la pénétration jusqu'au noyau, c'est-à-dire jusqu'au cœur de la cellule, du filament axile des tubes, de leur partie la plus importante, vis-à-vis de laquelle tout le reste, enveloppes cellulaires et gaines de myéline, ne joue qu'un rôle d'isolement et de protection, et qui persiste seule jusqu'à l'extrême terminaison du nerf, alors que successivement il s'est dépouillé de ses autres enveloppes. Le mouvement extérieur, quel qu'il soit, destiné à mettre en jeu l'activité nerveuse, se propage par ces cylindres-axes ; par eux il arrive jusqu'à la cellule, où il ne peut se détruire, et c'est par eux aussi qu'il s'en échappe pour atteindre les divers organes et les ébranler. La cellule, placée sur le chemin que cette vibration doit, de toute nécessité, parcourir, est inévitablement atteinte par elle. Elle la reçoit du conducteur centripète, la subit, la modifie, la transforme et la réfléchit dans le conducteur centrifuge, moteur, vasculaire, trophique ou autre. Il ne peut pas ne pas en être autrement, et d'ailleurs les phénomènes thermiques et chimiques qui accompagnent l'activité des centres nerveux ne sont-ils pas, eux aussi, d'irrécusables témoins de ce mouvement qui, là comme partout, nous apparait la condition *sine quâ non* et l'essence même de la vie.

VI

Analyse, transmission et transformation du mouvement, voilà donc comment nous apparaît le rôle du système nerveux ; mais l'ensemble du mécanisme serait incomplet si nous ne trouvions ailleurs des organes de dégagement. Ces organes existent, en effet, et leur importance est si considérable qu'ils forment à eux seuls plus des deux tiers de la masse totale du corps. Ce sont les muscles, lisses ou striés, dont la contraction, dont le raccourcissement, en déplaçant des leviers osseux, en modifiant la forme ou la capacité de certains réservoirs, achève la série des métamorphoses de l'énergie vitale par la production du travail mécanique. Qu'est-ce que cette contraction ? C'est encore un mouvement moléculaire, et, si obscur qu'il ait été jusqu'en ces dernières années, si embarrassées qu'aient été les théories nombreuses qu'on a essayé d'en donner, on commence à l'entrevoir et à le comprendre. En réalité, théorie chimique, théorie thermodynamique, théorie microscopique ou théorie physique, toutes ramenaient le phénomène apparent du raccourcissement de la fibre à un phénomène dynamique intime, et les seules divergences portaient sur la forme du mouvement. Aujourd'hui, on en revient à la théorie physique, à celle de l'élasticité, une des plus anciennes en date, mais comprise d'une tout autre façon que n'avaient fait Weber et Rouget.

Il faudrait des développements trop étendus pour expliquer comme elle mérite de l'être, cette théorie, dont Charles Richet s'est fait le défenseur très autorisé ; mais je puis la résumer en peu de mots. La fibre musculaire est élastique ; son élasticité est sous la dépendance du système nerveux ; elle est nulle dans l'état de paralysie de ce système ; faible dans son état de repos, et on lui donne alors le nom de tonicité ; forte dans son état d'activité, et on lui donne alors le nom de contractilité. Remarquez que toute contraction musculaire est accompagnée d'une suractivité circulatoire, c'est-à-dire d'une augmentation des actions chimiques qui se passent dans la fibre et, par suite, de sa température. Il y a là une accumulation d'énergie calorifique, qui, sans doute, précède le raccourcissement, car la variation négative du muscle, indice de ce travail chimique, précède le début de la contraction ; celle-ci ne serait donc que la transformation d'une partie de cette chaleur en mouvement. L'exactitude de cette vue théorique est démontrée par une fort jolie expérience de Marey. Un fil de caoutchouc fortement étiré et brusquement refroidi a perdu toute tendance à se raccourcir. A l'une des extrémités d'un fil ainsi traité on suspend un poids. Il suffit alors de chauffer le caoutchouc pour lui rendre son élasticité, le voir se raccourcir et soulever le poids. En même temps, la partie du ruban élastique qui a été chauffée s'élargit, augmente de diamètre ; il s'y forme un renflement, appréciable à la vue. Je veux bien qu'il y ait seulement analogie et non identité complète entre cette expérience et le fait physiologique ; mais cette analogie n'est-elle pas saisissante ?

Voici autre chose : Prenez une lame d'acier bien trempée. C'est une substance éminemment élastique, qui se présente à nous sous deux états différents : l'état de repos et l'état d'activité, l'état d'équilibre et l'état de tension. Dans le premier, son élasticité ne se manifeste aucunement, on pourrait dire qu'elle est au protentiel zéro. Faites effort maintenant pour courber cette lame et, aussitôt, ce protentiel va devenir positif et vous pourrez l'utiliser à votre gré. Or, pour lui imprimer cette courbure, qu'avez-vous fait à ce ressort ? Vous avez accumulé du mouvement dans le métal, comme le démontrent à la fois l'élévation de sa température et la rupture de son équilibre moléculaire, vers le rétablissement duquel il tend désormais. Permettez-lui maintenant de réaliser cette tendance : le ressort se redresse et vous pourrez constater que sa température s'est abaissée de la même quantité qu'elle venait de s'élever. En même temps, il a accompli un travail mécanique appréciable, car il vient de changer de forme et, par suite, de position dans l'espace, et il a rendu à vos muscles la situation qu'ils occupaient au début. Si, au cours de cette expérience, vous avez eu soin de noter la température des muscles qui ont eu à se contracter, vous vous serez rendu compte que, lors de la courbure, quand l'acier s'échauffait, les muscles perdaient de la chaleur, et qu'ils en récuperaient ensuite la même quantité, quand, au moment de sa détente, la lame élastique se refroidissait.

Le calorique développé dans chaque fibre contractile pendant sa contraction, s'est transformé en mouvement pour produire cette contraction même ; ce mouvement moléculaire de vos muscles s'est transmis au ressort, et là, comme il ne trouvait plus de voie de dégagement, il est redevenu sensible, sous forme de chaleur. Mais, dès que le relâchement des bras lui a permis de se manifester de nouveau comme mouvement, il a eu pour effet évident de rétablir l'équilibre du ressort et, dès lors, vous avez recouvré la chaleur que vous lui aviez communiquée. Il est bien d'autres expériences qui servent à démontrer la corrélation des forces physiques ; mais je n'en sais pas de plus concluante que celle-ci pour mettre en lumière la corrélation parfaite de ces forces physiques avec les forces biologiques ; je n'en connais pas de plus propre à faire toucher du doigt la vérité de la thèse que je soutiens : « La vie, c'est du mouvement. »

VII

Vous venez de le voir, Messieurs, quelque fonction que nous ayons interrogée, quelque appareil, quelque système anatomique que nous ayons examiné, dans tous nous avons trouvé le mouvement, non-seulement comme effet, mais comme cause, comme principe et comme conséquence, comme but et comme moyen. Il me reste à dire brièvement les sources et les caractères de ce mouvement.

La vie ne s'entretient que par un incessant échange de force et de matière entre l'être vivant et le monde qui l'entoure. A ce monde, sous peine de périr promptement, il doit emprunter et les éléments de sa substance et les eléments de son fonctionnement ; toujours il lui faut renouveler les molécules de matière dont l'agrégat le constitue, et c'est une notion devenue courante, que ni l'animal ni la plante ne sont identiques à eux-mêmes à aucun moment de leur existence. Cette non identité, qui paraît de prime abord une folie, est nécessaire, car la vie est incompatible avec l'identité matérielle. Vous allez me comprendre.

Puisque la vie est faite de mouvement et que le mouvement ne se crée pas, il faut bien qu'elle le trouve quelque part en dehors d'elle. Elle le trouve en partie dans les aliments, qui représentent une quantité considérable de forces accumulées en eux à l'état de tension. Ce sont ces forces qu'elle met en liberté, qu'elle dégage à l'état de forces vives, sous les différentes modalités que je vous ai indiquées, chemin faisant. Or, les aliments qui vont entrer dans la composition des organes et en faire partie intégrante, ne possèdent qu'une quantité déterminée de cas forces de tension, et quand cette quantité a été épuisée, que deviendrait la fonction et que deviendrait l'organe, s'il n'était renouvelé de fond en comble ? Vous voyez donc que ce renouvellement est nécessaire. Il se fait par la nutrition ; et nous savons qu'à la production du mouvement vital qui provient de cette source, il y a deux phases : 1° dégagement du calorique emmagasiné dans les substances alimentaires, car toutes, suivant une gracieuse image, aussi juste que pittoresque, ne sont que des rayons de soleil solidifiés ; 2° utilisation de ce calorique, qui va remplir un double rôle : maintenir l'organisme au degré de température indispensable à son existence et se transformer en travail.

Telle est la source principale du mouvement chez les êtres vivants. Seule, peut-être, elle a été mûrement étudiée jusqu'à nos jours, mais il en est d'autres encore dont on ne saurait nier la valeur. La lumière, que le Ciel verse à flots et que les corps réfléchissent en tous sens, n'est point faite seulement pour les yeux. Enveloppées par elle de toutes parts, baignées dans cet océan de vibrations, les cellules ne sauraient échapper à son influence, et des expériences multipliées ont prouvé qu'elle n'agit pas moins sur le développement des animaux que sur la germination des plantes. L'oxygène de l'air, l'azote et le carbone des aliments ne suffisent pas ; en vain leurs diverses combinaisons mettent-elles en œuvre toute l'énergie thermique qu'elles sont susceptibles de développer ; si la lumière est absente, la vie n'est qu'un étiolement, une faiblesse, une misère, un souffle. Ce caractère de puissance et de beauté qu'elle peut seule imprimer à la vie végétative, n'est cependant pas la plus noble partie de son rôle. Recueillies et analysées par l'organe visuel, transmises par lui jusqu'aux cellules des ganglions cérébraux et de l'écorce, où elles sont élaborées, ces vibrations éthérées forment la plus grande partie des matériaux sur lesquels s'exerce l'activité intellectuelle, et quand Locke s'écriait : « *Nihil est in intellectu quod non priùs fuerit in sensu* », je ne sais pourquoi il me semble que c'est au sens de la vue qu'il devait penser surtout. D'ailleurs, tous les autres y ont leur part, et le toucher, qui nous apprend la forme et la distance, est à ce point capital que l'hypothèse de sa suppression est impossible : on peut à la rigueur comprendre l'existence sans la vue, sans l'ouïe, sans le goût et sans l'odorat ; on ne peut imaginer, non pas ce qu'elle serait sans le toucher, mais qu'elle puisse être sans lui.

Ainsi, d'une part, dégagement dans l'intérieur de l'organisme des forces de tension représentées par les aliments et utilisation des forces vives qui en proviennent ; et, d'autre part, emmagasinement, puis mise en œuvre, avec ou sans transformation préalable, des forces vives extérieures à l'être : telles sont les deux grandes sources du mouvement vital.

Ce mouvement lui-même, quel est-il ? quelle est sa nature ? quels sont ses caractères ?

A la science, ignorante encore de la forme des vibrations thermiques et électriques, on ne saurait demander aujourd'hui la réponse à cette question. Il est néanmoins une remarque importante à faire ; c'est par elle que je voudrais terminer. Tandis que ces mouvements physiques sont doués d'une constance étonnante dans leur forme, celui-là paraît avoir pour essence une instabilité extrême. A coup sûr, il ne s'éteint pas, il ne s'annihile pas, puisque c'est impossible ; mais il change de nature avec une telle facilité que cette tendance à la transformation pourrait servir à le caractériser et à le dénommer. A mesure qu'on l'examine dans des éléments de plus en plus élevés en hiérarchie, cette instabilité s'accuse davantage. On peut conserver vivantes pendant plusieurs jours, sous l'objectif du microscope, certaines cellules de vitalité obscure, comme les épithéliums vibratiles ; une cellule musculaire vit à peine quelques heures ; un tube nerveux vit moins encore ; une cellule nerveuse n'a jamais été vue vivante !

Cette mortification que nous voyons si rapide, malgré les soins que l'on peut prendre pour réaliser les conditions normales où vivent ces éléments, se produit au sein même des organes, un peu plus lentement peut-être, mais très vite aussi. Ne voyons-nous pas les débris de ces mortifications partielles, rejetés chaque jour par les voies membreuses des excrétions : fèces, urines, exhalation pulmonaire, furfur épidermique ; et, s'il n'en était pas ainsi, quel besoin aurions-nous de cet azote et de ces sels minéraux dont le seul but est de maintenir l'intégrité de notre substance ? La vie a donc besoin d'une incessante impulsion, comme une corde a besoin d'être touchée sans cesse de l'archet pour continuer à vibrer. Dans le flacon qui le renferme, un fragment de cristal reste inaltéré, toujours identique à lui-même. Pendant la durée illimitée des siècles, il conservera sa forme, son volume, sa couleur, ses propriétés, c'est-à-dire que le mouvement, ou plutôt que les mouvements variés dont la combinaison le constitue à l'état de cristal, se perpétuent indéfiniment sans jamais changer. On peut le supposer soustrait à tout rayonnement calorifique ou lumineux, placé dans l'obscurité absolue à la température du froid absolu, et cependant la vibration moléculaire qui lui donne sa forme, continuera à se produire ; il sera toujours le prisme, le cube ou le rhomboèdre qu'il était au début ; la densité, la solubilité, les réactions qui lui appartiennent, tout cela sera demeuré intact. On ne peut plus qualifier d'inertie cette éternelle immobilité de forme et de constitution atomique ; on n'y doit plus voir que l'inébranlable persistance d'un mouvement toujours pareil, toujours le même. Ce ne serait pas une subtilité ou un artifice de langage que de dire : « La matière minérale, c'est l'invariabilité du mouvement », et on affirmerait légitimement aussi que « la matière vivante c'est la variabilité du mouvement ».

On dirait que la vie ressemble à ces combinaisons si curieuses de la chimie qui n'existent que grâce à une sorte de subterfuge, et que des précautions minutieuses permettent seules de conserver intactes, tellement est mobile l'équilibre de leurs molécules. Qu'une goutte d'eau les humecte, qu'un choc, même léger, les ébranle, qu'un rayon lumineux les atteigne, et subitement c'est fini d'elles. Comme elles, la vie ne se maintient que par un admirable concours et une complexité inouïe de circonstances. Résultante d'une série d'énergies composantes, en chacune desquelles elle tend constamment à se résoudre, elle ne peut être entretenue que par leur combinaison renouvelée constamment. C'est la balle qu'il faut à chaque instant frapper de la main pour la faire rebondir ; c'est le foyer qu'il faut alimenter sans relâche ; la lampe qu'il faut remonter à toute heure ; c'est la vague que le vent doit éternellement fouetter pour qu'elle se soulève échevelée : à peine est-il calmé qu'elle retombe et n'est plus qu'une caresse aux pieds des grandes falaises endormies.

VIII

Messieurs, j'ai trop abusé, sans doute, de votre bienveillante attention, et cependant je voudrais ajouter quelques mots. Arrivé au terme de ces considérations générales un peu abstraites et peut-être difficiles à suivre, je me suis demandé si les mots n'avaient pas trahi ma pensée et si quelques-uns d'entre vous n'avaient pas pu craindre de trouver sous cette étude de physiologie des tendances philosophiques trop exclusives. A ceux que cette crainte aurait pu troubler, je suis à l'aise pour répondre. Non, je n'ai voulu défendre ni soutenir aucun système doctrinal. Embrassant dans un coup d'œil d'ensemble, la manifestation de cette force, de ce mouvement qu'on appelle la vie, je n'ai fait appel qu'aux données de la physique expérimentale et des sciences d'observation. Du point de vue de la physiologie pure où je m'étais placé, (et aucun autre ne pouvait convenir au professeur chargé de vous enseigner cette science,) je n'ai eu ni l'intention ni le loisir d'envisager d'autres aspects de la question. Laissant à dessein dans l'ombre les problèmes irritants et dont la solution divise, je ne vous ai montré de la vie que ce qu'elle a d'animal, parce qu'au-delà il m'eût fallu quitter le terrain exclusivement scientifique, d'où j'avais prétendu ne pas sortir. Ni l'esprit ni le but de ce discours ne se prêtaient à de pareils développements ; mais je suis convaincu que le point où je me suis arrêté ne marque pas la limite qu'il soit interdit à la science de dépasser. Un jour viendra où s'éclairciront les ténèbres qui enveloppent encore tous ces secrets. Ce jour-là, il ne sera plus permis d'être, à son choix, animiste avec Sthal, vitaliste avec Lordat, Barthez et Bichat, mécanicien avec Leibnitz et les modernes qui ne s'éloignent de lui que de la distance qui sépare le mécanisme préétabli du mécanisme accidentel ; ce jour-là, il faudra de toute nécessité se rallier à celle des trois théories qui sera démontrée vraie. Laquelle aura cet honneur, je ne saurais vous le dire ; mais si ce devait être, par hasard, la théorie mécanicienne, et s'il était prouvé que la science de la vie n'est, tout entière, qu'une branche de la dynamique universelle, je l'accepterais, je vous l'assure, bien franchement, sans arrière-pensée comme sans faiblesse, et je n'y trouverais rien qui pût attrister d'autres convictions. Doué qu'il est d'intelligence et de raison, c'est un devoir pour l'homme d'en favoriser l'essor et le développement, et de les suivre là où elles le mènent, en les guidant, mais sans les entraver. Que de choses on a niées qui sont devenues d'éclatantes vérités ! La géologie nous a montré un univers dont l'âge s'écrit avec des nombres où le millier de siècles est une humble unité ; l'astronomie a fait de notre planète un atome emporté, dans le tourbillon des astres, vers des espaces au seuil desquels l'imagination la plus hardie recule affolée, et s'il devait nous être jamais donné de comprendre et de connaître la pensée et de n'y voir qu'une nouvelle manifestation de ces forces sublimes, dont nous commençons à peine à balbutier l'histoire, de quel droit, je vous le demande, notre minuscule intelligence refuserait-elle au Grand Mécanicien des mondes le pouvoir de doter la matière des propriétés dont il lui aurait plu de l'enrichir ; et quelle insanité d'orgueil ne serait-ce pas d'enfermer sa toute-puissance dans les limites qu'il nous a assignées à nous-mêmes, et de lui dire : « Tu as donné à la matière l'attraction, la chaleur, la lumière, l'électricité, la vie même ; tu n'as pas pu lui donner davantage, et nous nous refusons à l'admettre ». Aucune vérité n'est à rejeter, parce qu'aucune n'est contraire à d'autres vérités. Là où on en trouve une, il faut la recueillir avec empressement et reconnaissance, car dans quelqu'ordre d'idées que ce soit, souvenez-vous en, Messieurs, ce n'est pas l'affirmation, c'est la négation qui fait le blasphème.

BIBLIOTHÈQUE NATIONALE R.F. IMPRIMÉS

ROCHEFORT. — SOCIÉTÉ ANONYME DE L'IMPRIMERIE CH. THÈZE

38

BIBLIOTHEQUE NATIONALE DE FRANCE

www.ingramcontent.com/pod-product-compliance
Ingram Content Group UK Ltd.
Pitfield, Milton Keynes, MK11 3LW, UK
UKHW021026200726
13857UKWH00004B/1617